AF233067

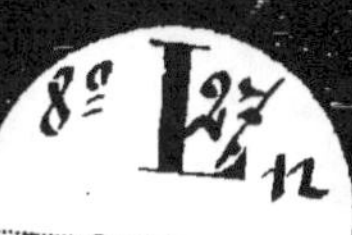

ÉLOGE

DE F.-A. BAZIN

FONDATEUR DE LA SOCIÉTÉ DES SCIENCES PHYSIQUES ET NATURELLES
DE BORDEAUX

PAR LE Dr AZAM

PROFESSEUR A L'ÉCOLE DE MÉDECINE, ANCIEN PRÉSIDENT

BORDEAUX

G. GOUNOUILHOU, IMPRIMEUR DE LA SOCIÉTÉ
11, RUE GUIRAUDE, 11

1866

ÉLOGE

DE F.-A. BAZIN

FONDATEUR DE LA SOCIÉTÉ DES SCIENCES PHYSIQUES ET NATURELLES

DE BORDEAUX

PAR LE Dr AZAM

PROFESSEUR A L'ÉCOLE DE MÉDECINE, ANCIEN PRÉSIDENT

BORDEAUX

G. GOUNOUILHOU, IMPRIMEUR DE LA SOCIÉTÉ

11, RUE GUIRAUDE, 11

1866

ÉLOGE DE BAZIN

Messieurs, il appartenait à la Société des Sciences physiques et naturelles de louer dignement le savant, l'homme de bien qui l'a fondée. En retraçant dans nos Mémoires cette vie pleine d'enseignements et de nobles exemples, nous ne faisons qu'acquitter une dette de reconnaissance et remplir un devoir pieux.

Vous m'avez choisi pour remplir cette tâche honorable, estimant sans doute que le souvenir de l'affection que Bazin m'a toujours témoignée saurait guider ma plume. Puissent, en effet, la reconnaissance de l'élève et le dévouement de l'ami m'inspirer un langage digne à la fois de vous et de lui.

Bazin (François-Aman) est né à Basseneville (Calvados) le 5 octobre 1796. Ses parents étaient de petits cultivateurs pauvres, ou pour pour mieux dire de simples paysans. Destiné comme eux aux travaux des champs, il ne reçut dans son enfance que les rudiments d'instruction qu'on distribuait alors aux enfants des campagnes. Il apprit à peine à lire. Il arriva ainsi à l'âge de seize ans, lorsqu'un hasard heureux développa en lui le goût de l'instruction. Ce goût, et plus encore une inébranlable volonté, furent le point de départ de sa carrière. Vers 1811, un vieux sous-officier qui avait parcouru le monde à la suite de nos armées, rentrait dans ses foyers, à Basseneville. Comme tout vieux soldat, il racontait volontiers ses campagnes, et la grande histoire à laquelle il avait été mêlé depuis vingt ans. Ses récits pittoresques charmaient les veillées. Quelle était la famille qui ne pleurât alors un fils, un frère, victime de ces luttes gigantesques, ou qui n'attendît pas son retour?

De tous les auditeurs qui se pressaient autour du vieux militaire, le plus fidèle, le plus attentif, le plus désireux de tout savoir était le jeune Bazin; le sous-officier le remarqua, et le prit en affection. Il savait écrire, l'enfant voulait apprendre; après quelques mois de leçons, il en savait autant que son maître.

Touchant spectacle et singulier maître pour celui qui devait atteindre aux plus hauts grades que puisse conférer l'Université! Mais l'élève eut bientôt épuisé cette première source. S'il n'avait beaucoup appris, il savait du moins l'étendue de ce qui lui restait à connaître. Les vastes horizons de l'intelligence s'étaient ouverts devant lui.

Mais comment concilier son désir d'apprendre avec la nécessité de gagner par les plus durs travaux le pain de chaque jour? Bazin, qui avait alors seize ans, ne s'arrêtera pas devant un tel obstacle. Chaque soir, après sa rude journée, il va à Caen, distant de plusieurs lieues, pour suivre des cours élémentaires; il revient la nuit, et le matin le retrouve aux champs. Ainsi seulement il peut acquérir cette instruction élémentaire, premier fruit si facile de l'enfance, que ses difficultés ont disparu de nos souvenirs.

Quelque temps après, sa vocation était décidée, il quittait les travaux de la terre pour ceux de l'esprit. Installé à Caen, comme garçon de boutique d'un droguiste, il peut se livrer plus aisément à son goût pour l'étude.

Ainsi s'écoulèrent cinq années, après lesquelles il savait le français, l'anglais, un peu de latin et les mathématiques. Il possédait assez bien ces sciences pour pouvoir les enseigner à son tour. Sept ans auparavant il savait à peine lire.

Il pouvait donc renoncer au travail de ses bras. Muni de quelques bonnes recommandations, il part pour l'Angleterre pour s'y livrer au professorat.

Pendant les huit années qui suivirent, Bazin habita soit Londres, soit Bath, attaché comme professeur à diverses maisons d'éducation. Que de fois il m'a parlé de ce temps qui pour tous est le plus beau de la vie, car il est la jeunesse! Pour lui ce fut la lutte, la lutte incessante contre les plus dures nécessités. Il aimait cependant à dire que de cette époque date en lui le goût qui le dirigea vers les sciences naturelles. Il apprit à aimer la nature dans ses excursions au pied des hautes falaises de Bath.

En 1828, il se marie dans cette petite ville, et quelques jours après il rentrait en France. Son mariage lui donnait une position qui, si elle n'était plus la misère, était bien loin de l'aisance. Il avait 1,200 fr. de rente.

A Paris, Bazin se fait recevoir bachelier ès-lettres, et il étudie la médecine.

Mais si modestes que soient les goûts, il faut faire vivre une femme et un enfant. L'illustre de Blanville, auquel Bazin sut plaire, l'aida de ses conseils, et lui donna une petite place dans son laboratoire du Museum. Épris des sciences naturelles, surtout de la zoologie, il arrive bientôt à une grande habileté dans l'art des préparations anatomiques.

Mais la fatalité le poursuit. A peine convalescent d'une fièvre typhoïde, il voit mourir son premier enfant. La mort frappait auprès de lui son premier coup. Elle ne devait pas s'arrêter.

A ce moment éclate le choléra de 1832. Encore affaibli, il brave l'épidémie et cette immense terreur qui frappa la France à l'apparition du mal inconnu. Le dévouement est une diversion à ses peines, il se distingue entre tous, et la ville de Paris lui décerne une médaille d'honneur.

Quelques mois après, il était reçu docteur en médecine. Sa thèse a pour titre : *Essai sur les maladies de l'utérus.*

En 1835, le choléra frappe Marseille. Bazin sollicite l'honneur d'être mis au nombre des médecins que Paris envoie contre le fléau. M. Guizot, qui le protégeait, fait agréer sa demande. On le voit, alors comme aujourd'hui, le Corps médical était à la hauteur de sa tâche. Pour avoir le droit de braver la mort de près, il n'était pas d'appui trop puissant.. A Marseille comme à Paris, Bazin se dévoue, et le maire de la ville, M. Consolat, lui donne une attestation de ses services conçue dans les termes les plus flattleurs. Son devoir accompli, ne cherchant rien de plus, et dénué de cette adresse qu'on nomme le *savoir faire,* Bazin retourne à ses travaux et rejoint sa femme malade. Mais à ce moment on l'attendait à Nîmes. Cette ville, où le choléra ne s'était pas montré, était dans la terreur. Recommandé au préfet du Gard par son puissant protecteur, Bazin ne voit pas de services à rendre à une population que le fléau avait épargnée. Il n'y va pas. A l'heure des récompenses, on décore à sa place un médecin prudent qui, parti de Paris avec lui, était resté à Nîmes, où il avait joué le rôle facile de consolateur.

Si j'ai dit avec quelques détails cet épisode de la vie de notre fondateur, c'est qu'il en avait conservé un amer souvenir. Cet homme austère et honnête avait fait son devoir; il en avait la conscience, et lorsqu'on lui rendit une justice tardive, il disait volontiers que c'était trop tard, et que cette croix qu'on donnait à ses services universitaires, c'était sa conduite dans le choléra de Marseille qui l'aurait méritée.

De retour à Paris, Bazin continua à se livrer avec ardeur à l'étude des sciences naturelles et à travailler avec de Blainville. Pendant les années qui suivirent, il publia une série de travaux que nous mentionnerons plus loin, d'après une note laissée par lui. C'est à cette époque qu'il présenta à l'Institut plusieurs Mémoires importants sur la structure des poumons de l'homme et des animaux vertébrés. Ces travaux, après des Rapports de Flourens, de Blainville et de Serres, furent insérés dans le Recueil des Savants étrangers.

Grâce à cet honneur, Bazin put être autorisé à soutenir ses thèses pour le doctorat ès sciences naturelles. Ce grade lui fut conféré le 6 novembre 1839.

La première portait ce titre : *Recherches sur l'anatomie comparée de quelques parties du système nerveux des régions céphalique et cervicale des vertébrés.*

La deuxième : *De l'absence du système nerveux dans les végétaux.*

Quelques jours plus tard, le 21 novembre 1839, Bazin était nommé professeur à la Faculté des Sciences de Bordeaux.

Depuis cette époque jusqu'à sa mort, il n'a cessé de remplir avec le plus grand zèle et la plus grande distinction ces fonctions élevées, et nous tous qui l'avons connu, et qui la plupart avons été ses élèves, nous avons pu apprécier son dévouement à la jeunesse. Cependant, il trouva à Bordeaux des obstacles matériels insurmontables : il n'avait pas de laboratoire. Habitué aux facilités de toute nature que donnent les vastes amphithéâtres du Museum, il dut se borner à regret à des travaux de cabinet. Ces travaux n'en eurent pas moins une haute importance.

Au reste, il eut bientôt un autre sujet d'études profondes. Ses recherches sur le système nerveux avaient porté leur fruit. La place de médecin en chef de l'Asile des Aliénés de Bordeaux était vacante. Bazin fut désigné au choix du Ministre, et entra en fonctions le 9 octobre 1843.

La mission était élevée. Les asiles venaient d'être réorganisés par une loi nouvelle; il fallait un homme instruit et bon pour se dévouer à ce genre spécial de malades : c'était bien la place de Bazin.

C'est dans ces fonctions que nous l'avons connu et suivi chaque jour pendant des années; c'est ainsi que nous avons pu l'apprécier et l'aimer.

Depuis cette époque jusqu'à sa mort, il partagea son temps entre l'Asile des Aliénés et la Faculté des Sciences. Après tant de luttes, le petit paysan de Basseneville occupait dignement deux fonctions élevées, et avait atteint le sommet des honneurs universitaires.

Mais si le succès couronnait ainsi ses travaux et sa juste ambition, de cruelles douleurs frappaient son foyer domestique. A Paris, il avait perdu son premier enfant; à Bordeaux, il voit mourir sa jeune femme d'une maladie de poitrine, et quelques années après, sa fille lui est ravie à vingt ans par la même maladie.

Ce dernier coup fut terrible. Cette jeune fille, d'un esprit élevé, d'une intelligence hors ligne (¹), était l'espoir de sa vieillesse. Désormais, il était seul : le souvenir de cette pauvre enfant et de sa longue agonie resta la plaie secrète de sa vie.

Devenu notre compatriote, Bazin acquit bientôt dans sa patrie d'adoption la situation morale élevée dont il était digne. Si la rudesse de ses jeunes années avait laissé en lui une ineffaçable empreinte; si, inhabile aux légers succès de l'esprit, il ne charmait pas ceux qui l'écoutaient, sa physionomie loyale, respirant la droiture et la vérité, les contraignait à l'estime, et une bonté profonde perçait sous sa brusquerie. C'est ainsi qu'il acquit parmi nous le solide renom qui s'attache à l'homme de bien, et qu'il sut se créer d'inaltérables amitiés.

____

(¹) Son aide, car elle dessinait avec talent.

Pendant qu'il cultivait les sciences, il se livrait à l'exercice de sa profession. Les maladies des femmes, qui avaient fait l'objet de sa thèse inaugurale, étaient pour lui le sujet d'une prédilection particulière. De plus, sa position de médecin en chef d'un grand Asile, le désignait naturellement pour éclairer les difficultés du traitement des maladies mentales.

Dans l'exercice de la médecine, nul ne fut plus honorable, et il a emporté l'estime de tous les médecins qui l'ont connu. Membre et ancien président de la Société de Médecine de Bordeaux, il a été loué à ce titre par les paroles élevées qu'a prononcées sur sa tombe M. le Dr Dupuy.

Dans ses fonctions de médecin en chef de l'Asile, notre fondateur était aimé de tous, nous pouvons le dire, et de longs jours paisibles l'attendaient, depuis surtout qu'un changement administratif lui avait donné pour collaborateur un administrateur digne et éclairé, qui bientôt avait su le comprendre. Il a publié sur son service plusieurs Rapports remplis de vues sages, et il était membre correspondant de la Société médico-psychologique de Paris.

Bazin trouvait aux sciences d'autres charmes que les spéculations élevées; il aimait à les rendre utiles, et il seconda de son mieux toutes les applications qui peuvent améliorer le bien-être général. Il aimait aussi à les vulgariser; je dirai même que ce fut peut-être le trait le plus saillant de sa vie.

C'est ainsi qu'il fut successivement membre et président de la Société Linnéenne et membre de la Société Philomathique. Cette institution, dont le but est d'instruire les ouvriers, lui était particulièrement chère; il savait, par le souvenir de ses jeunes années, tout ce que le savoir coûte à acquérir, et il aimait à rendre facile à d'autres le chemin qu'il avait trouvé si rude.

Plus tard, il fut membre délégué, puis président du Comité régional d'Acclimatation, président du Comité de Pisciculture, membre de la Société des Amis des Sciences de Paris, etc., etc.; en un mot, toute agrégation d'hommes faite dans un but utile pouvait compter sur lui.

C'est ainsi, Messieurs, qu'il fut le fondateur de notre Société.

Vers 1850, il se vit entouré de quelques jeunes hommes, dont beaucoup sont encore parmi nous, aimant les sciences naturelles et cherchant un moyen de travailler en commun. Il saisit avec empressement cette occasion d'être utile à la jeunesse. Plusieurs de ses collègues se joignirent à lui, et la Faculté des Sciences nous accueillit. Les maîtres donnaient la main aux élèves : notre Société fut ainsi fondée.

Que vous dire à ce sujet que vous ne sachiez mieux que moi! Il aimait son œuvre; assidu à nos séances, il se retrouvait avec bonheur au milieu de ses élèves. Presque tous, en effet, n'avons-nous pas suivi ses cours? N'a-t-il pas été de ceux qui nous ont conféré nos grades universitaires? Bientôt la Société des Sciences physiques et naturelles s'agrandit, ses succès furent les siens, et il parlait avec joie de la situation élevée où la placent aujourd'hui ses travaux.

Bazin avait une passion, celle des beaux livres. Malgré les difficultés qu'offre la province à la satisfaction de ce goût délicat, il avait pu réunir une foule de livres rares et d'œuvres magnifiques. Il avait pour elles une affection singulière; c'était son orgueil, et il les montrait volontiers aux amis qu'il aimait à recevoir; c'était aussi, je dois le dire, toute sa fortune.

Professeur à la Faculté des Sciences depuis 1839, médecin en chef de l'Asile des Aliénés de Bordeaux depuis 1843, dans une situation scientifique éminente et entouré de l'estime de tous, notre fondateur était naturellement désigné pour une distinction honorifique élevée. Longtemps il l'avait désirée, mais jamais autant qu'après le choléra de Marseille. Lorsque, en 1864, elle lui fut tardivement décernée, il l'accueillit avec une joie mêlée de quelque amertume. Je l'ai déjà dit, il ne l'attendait plus, et ses amis en furent peut-être plus heureux que lui.

D'une constitution vigoureuse, d'une santé parfaite, il était permis d'espérer que Bazin vivrait de longs jours. Il n'en fut pas ainsi. Le 21 octobre 1865, à six heures du soir, sans que rien le fît pressentir, après une longue causerie avec le directeur de l'Asile, il remonte dans son appartement, et il est frappé d'une attaque d'apoplexie. On accourt au bruit de sa chute; mais le coup était mortel, les sources de la vie étaient atteintes; il succombait dans la nuit, frappé dans le foyer même de cette intelligence et de cette volonté dont toute sa vie avait été la glorification la plus éclatante.

C'était, je puis le dire, la mort qu'il avait désirée.

Tout ce que Bordeaux compte d'esprits éclairés tint à honneur de rendre un dernier hommage à cet homme de bien, à ce vaillant athlète. Une foule considérable se pressa autour de sa tombe. On sut alors les bienfaits qu'il avait répandus : les malades et les pauvres perdaient un père.

La plupart des Corps savants dont il avait fait partie ont retracé sur son cercueil, par la voix de leurs présidents, les services qu'il avait rendus.

Le doyen de la Faculté des Sciences, M. Abria, notre collègue, a peint sa carrière en des termes émus.

M. Guignard, directeur de l'Asile, auquel il avait été attaché depuis tant d'années ; le président de la Société de Médecine ; le président de la Société Philomathique, lui ont aussi payé leur tribut de regrets.

Nous-même, en qualité de président de la Société des Sciences physiques et naturelles, nous avons dit à notre fondateur un dernier adieu.

Combien, dans cette foule recueillie, même parmi ceux qui l'avaient aimé, ignoraient les luttes de sa jeunesse et ne se doutaient pas des efforts surhumains qu'avait dû faire son inébranlable volonté !

Après ces témoignages suprêmes, nous avons quitté ses restes le cœur plein d'une même pensée : c'est que, au dessus du faste, au dessus de la richesse, planent bien haut la royauté de l'intelligence et le culte de l'honnêteté.

NOMENCLATURE ET ANALYSE DES TRAVAUX DE BAZIN

d'après une note laissée par lui.

1° *Thèse pour le doctorat en médecine : Essai sur les maladies de l'utérus.* — 1833.

2° *Thèses pour le doctorat ès sciences : Recherches sur l'anatomie comparée de quelques parties du système nerveux des régions céphalique et cervicale des vertébrés.* — *De l'absence du système nerveux dans les végétaux.* — 1839.

3° *Recherches sur la structure des organes respiratoires des animaux vertébrés*

J. Hunter avait déjà annoncé, contrairement à l'opinion de Malpighi, qui voulait que le poumon des mammifères, des oiseaux et des reptiles fût un amas de cellules communiquant les unes avec les autres et avec les bronches, que les dernières divisions bronchiques des mammifères se terminaient par des vésicules ou des cœcums. Reissessen professait la même opinion en 1808, et obtenait le prix offert par l'Académie de Berlin. Comme le poumon est très difficile à disséquer, plusieurs anatomistes distingués, tels que Sœmmering, Laennec, Magendie, Cruveilher et autres, étaient conduits, par le très défectueux procédé de coupes faites sur des portions de poumon desséchées, à soutenir l'opinion de Malpighi, bien que Cuvier eût professé avant 1815 l'opinion de Hunter, que les nombreuses préparations de Bazin ont définitivement mises hors de doute.

Ces recherches ont été l'objet de plusieurs Mémoires présentés à l'Institut dès 1836, avec préparations et planches à l'appui. Après des Rapports de MM. Flourens, Serres et de Blainville, elles ont été insérées dans le *Recueil des Savants étrangers*, 1839.

4° La manière dont les bronches se terminent une fois connue, restait à connaître la signification des lobules pulmonaires. La découverte de la capsule pulmonaire faite par Bazin est venue résoudre cette question. Cette capsule en tissu élastique, située sous la plèvre, enveloppe les poumons, et envoie dans leur épaisseur des prolongements qui, sous des formes variées, s'étendent jusqu'à la surface de chaque cœcum. Ces prolongements se font de deux manières : chez les plantigrades, les digitigrades, les pinnigrades et les cétacés, ils se présentent sous la forme de filaments élastiques, qui s'étendent dans toutes les directions à la surface des ramifications bronchiques; chez les autres mammifères, ce sont des expansions membraneuses qui se détachent de la face interne de la capsule pulmonaire et s'étendent dans l'épaisseur des poumons. Les surfaces que ces prolongements circonscrivent et que l'on aperçoit à travers la plèvre et la capsule elle-même, dans l'homme et dans un grand nombre de mammifères, ont été attribuées à des lobules pulmonaires; mais on en ignorait la cause, on ignorait que ces lobules se subdivisent et diminuent à mesure que l'on suit les expansions de la capsule pulmonaire dans l'épaisseur même des poumons. On ignorait et on ignore en général le rôle important que cette capsule joue dans l'expiration.

5° Bazin a constaté l'existence inconnue jusqu'à lui du tissu musculaire lisse dans les canaux bronchiques d'un millimètre à un demi-millimètre de diamètre, ce qui explique l'état spasmodique des organes respiratoires sous l'influence de certaines perturbations du système nerveux.

6° Il a prouvé que la structure du poumon des oiseaux diffère de celle des poumons des mammifères. Les poumons des oiseaux se composent de canaux aériens de plus en plus fins, à la surface desquels viennent se distribuer les vaisseaux sanguins.

7° Il a démontré que les réservoirs aériens des oiseaux ne concourent pas directement à l'hématose.

8° Il a trouvé dans les poissons à bronches libres, des muscles qui se rendent de chaque arc branchial aux lamelles branchiales, et qui en se contractant rapprochent ces dernières les unes des autres. Ces muscles, signalés par Artidi, retrouvés par Alessandrini (de Bologne) et par lui, sont de véritables muscles expirateurs.

9° Il a découvert que la prétendue glande pituitaire reçoit plusieurs faisceaux nombreux du plexus carotidien. Cette connexion directe entre un véritable *ganglion céphalique* et le grand sympathique avait été soupçonnée par Fontana et par quelques anatomistes, mais personne avant Bazin ne l'avait mise en évidence.

10° Il a constaté dans l'homme et les autres mammifères l'entre-croisement des racines des nerfs olfactifs.

11° Bazin a fait voir que les nerfs optiques envoient de nombreux faisceaux dans les pédoncules cérébraux.

12° Il a décrit pour la première fois, d'une manière complète, le système nerveux des régions céphalique et cervicale des oiseaux, et les connexions qui existent entre leurs nerfs et le grand sympathique. Ainsi, leur ganglion ophthalmique et leur ganglion de Meckel sont en communication avec le nerf facial et avec le ganglion cervical supérieur. Leur nerf facial donne naissance à une corde du tympan. Leur ganglion cervical supérieur donne naissance à deux filets nerveux : l'un, découvert par Weber, accompagne l'artère vertébrale; l'autre, jusqu'alors inconnu, a été figuré et décrit par Bazin en 1841. Cette portion du grand sympathique des oiseaux, analogue à celle de la même région chez les mammifères, accompagne la carotide primitive et présente un ou deux ganglions cervicaux.

13° Il a poursuivi des recherches analogues dans les reptiles et dans les poissons, et s'est convaincu qu'il existe dans ces deux classes, comme dans les mammifères et les oiseaux : 1° un ganglion ophthalmique, que Cuvier n'admettait pas chez les poissons; 2° un ganglion de Meckel; 3° un analogue du nerf vidien établissant une connexion entre le nerf facial et le grand sympathique.

14° Bazin a décrit le premier le système nerveux et le grand sympathique du marsouin. (Ces recherches ont été communiquées à l'Institut en 1841, et publiées en un volume in-4° avec cinq planches.)

15° Il a suivi dans la moelle épinière la distribution de racines des nerfs rachidiens. Bichat, Cuvier, Desjardin considéraient cette dissection comme impossible. (Communication à l'Académie des Sciences, 7 septembre 1840.)

16° Il a présenté à l'Institut une Note sur l'anatomie du *Botrydium pythonis*.

Bazin a publié plusieurs Mémoires et des travaux variés dans les *Annales françaises et étrangères d'Anatomie et de Physiologie*, dont il était un des fondateurs.

Voici l'énumération de ces travaux :

17° *Analyse d'un Mémoire du professeur Owen, sur la génération des marsupiaux.*

18° *Mémoire sur la rétroversion de l'utérus à l'état de vacuité.*

19° *Histologie du tissu musculaire et élastique, et Histologie de la capsule pulmonaire.*

20° *Du degré de certitude que présentent les sciences d'observation, et Examen de cette question : La statistique est-elle applicable à la médecine ?*

21° *Note sur l'état pathologique des lymphatiques d'un poumon d'Agouti.*

22° *Analyse des recherches de Panizza, sur le système lymphatique des reptiles.*

23° *Analyse des Mémoires de Bertholdi, sur la température des animaux à sang froid; — de Newport, sur la température des insectes; — de Henle, sur l'épithelium des membranes muqueuses.*

24° Un extrait de ses *Recherches sur la structure intime du poumon de l'homme et des animaux vertébrés.*

25° Plusieurs Mémoires sur des sujets d'histoire naturelle dans les

Actes de la Société Linnéenne, et dans les *Bulletins de la Société des Sciences physiques et naturelles de Bordeaux.*

Titres divers et fonctions honorifiques de Bazin.

1° Fondateur de la Société méd. d'observation de Paris (mars 1832).

2° Médaille d'or décernée par la ville de Paris (choléra de 1832).

3° Chirurgien aide-major du 4ᵉ bataillon de la Garde nationale de Paris (1834).

4° Médecin de la Salle d'Asile de l'île Saint-Louis (1839).

5° Membre de la Société libre des Beaux-Arts.

6° Membre de la Société Linnéenne de Bordeaux, le 5 juin 1840 (Président honoraire).

7° Membre de la Société Philomathique de Bordeaux (1848).

8° Membre de la Société de Médecine.

9° Fondateur de la Société des Sciences physiq. et naturelles (1850).

10° Membre de la Société impériale d'Acclimatation (1857) ;

11°   —   de la Société des Amis des Sciences ;

12°   —   de la Société des Amis des Arts de Bordeaux ;

13°   —   de la Société d'Horticulture ;

14°   —   de la Société d'Anthropologie ;

15° Président du Comité régional d'Acclimatation.

16°   —   du Comité de Pisciculture.

Bordeaux — Imp. G. Gounouilhou, rue Guiraude, 11.

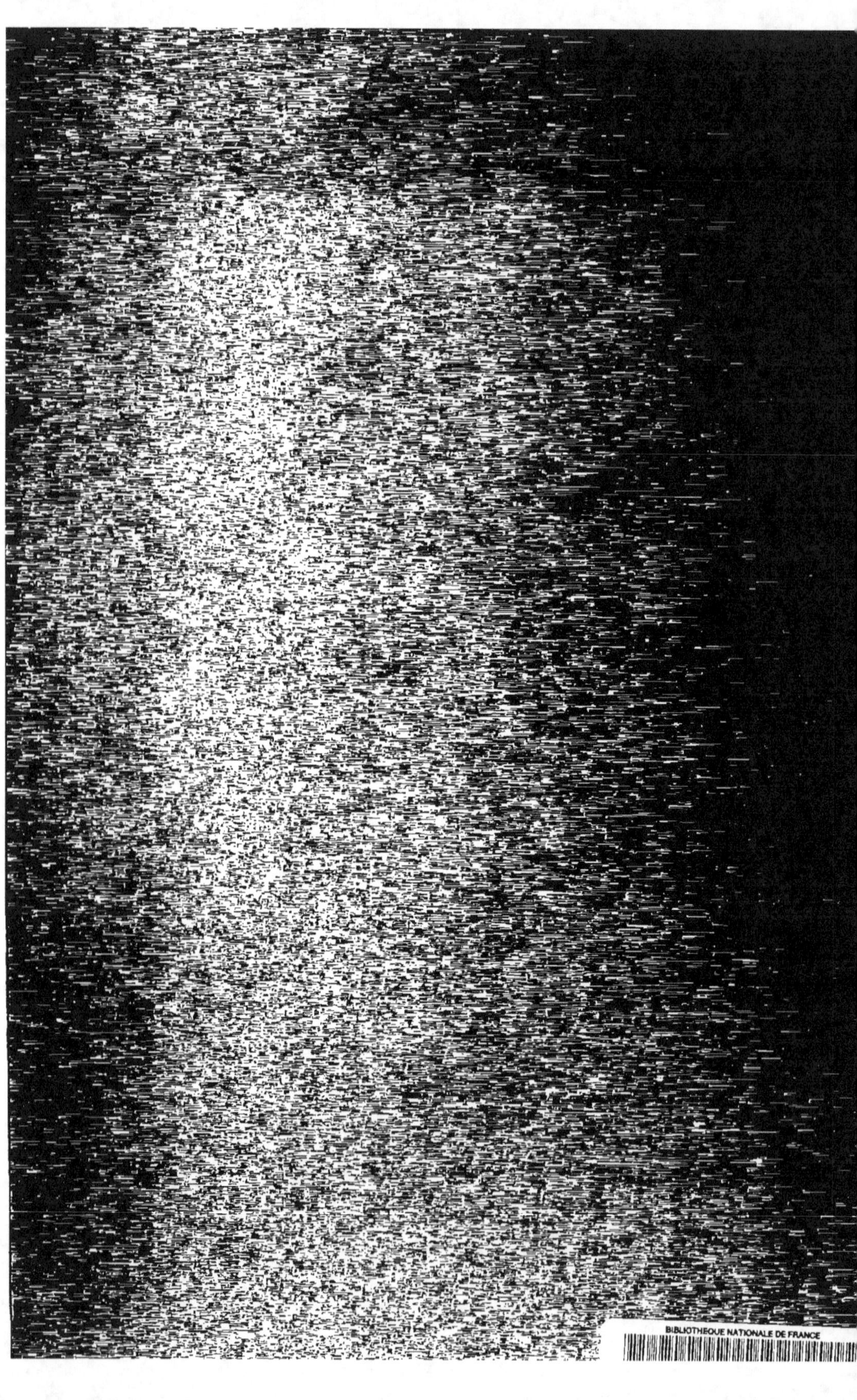